¿Cómo sobrevivir con hemodiálisis?

De
Philip J. Tuso, MD

Bloomington, IN  Milton Keynes, UK
authorHOUSE™

AuthorHouse™
1663 Liberty Drive, Suite 200
Bloomington, IN 47403
www.authorhouse.com
Phone: 1-800-839-8640

AuthorHouse™ UK Ltd.
500 Avebury Boulevard
Central Milton Keynes, MK9 2BE
www.authorhouse.co.uk
Phone: 08001974150

Publicado por primera vez por AuthorHouse 5/19/2006

ISBN: 1-4259-3816-7 (e)
ISBN: 1-4259-3815-9 (sc)

Biblioteca del Congreso Número Reguladora: 2006904342

Impreso en los Estados Unidos De América
Bloomington, IN

Este libro se imprimida en papel libre de ácidos.

Descargo de responsabilidad

Este libro fue escrito para ayudar a las personas que tienen enfermedad renal a entender cómo sobrevivir con diálisis. El creador de este libro no garantiza o asume ninguna responsabilidad legal o responsabilidad por la exactitud, la utilidad o la falta de datos de la información incluida en este libro.

El autor de este libro no aprueba o recomienda ninguno de los productos, procesos o servicios comerciales que se mencionan en este libro. Las consideraciones y opiniones del autor expresadas en este libro no necesariamente declaran o reflejan las consideraciones y opiniones del equipo de profesionales de la salud, el nefrólogo o el médico de cabecera que lo atienden a usted.

No es intención del autor de este libro brindar asesoramiento médico específico sino más bien ofrecer a los lectores información para ayudar a los individuos que tienen insuficiencia renal a entender mejor sus asuntos sobre la salud y sus diagnósticos de enfermedad renal. No se está brindando asesoramiento médico específico. El autor le recomienda consultar a su médico especialista para recibir un diagnóstico y obtener respuestas a sus inquietudes personales.

Este libro está dedicado a las personas del Manejo Renal del Grupo Permanente del Sur de California en el Valle de Antílope.

Mary Mosser

Michal Sharabi

Katherine Dirden

Espie Abueg

Hong-Diep Nguyen

Me han hecho mejor persona.

Han hecho que nuestros pacientes sean mejores personas.

Han hecho que el mundo sea un mejor lugar donde vivir.

Gracias a todos por su gran esfuerzo.

SERVE Forward (Ayudar a los demás)

Table of contents

Introducción

A. Hechos sobre la insuficiencia renal:

- Uno de cada mil (1:1000) estadounidenses tiene insuficiencia renal.

- El costo para Medicare por el tratamiento de la insuficiencia renal es de aproximadamente $20 mil millones por año.

- El costo para Medicare por cada paciente con insuficiencia renal es de aproximadamente $50,000 por año.

- Uno de cada cinco (20%) estadounidenses en diálisis muere cada año.

B. Cuatro funciones de los riñones:

1. Los riñones eliminan los desechos del cuerpo.

   - La digestión y la absorción de alimentos producen nutrientes y desechos.

   - Los nutrientes se usan para mantener el cuerpo sano.

   - Los desechos se deben eliminar en forma diaria para conservar la buena salud.

   - En la insuficiencia renal, la acumulación de desechos produce pérdida de apetito, náuseas y vómitos.

2. Los riñones eliminan el exceso de minerales (potasio y fósforo) del cuerpo.

   - En la insuficiencia renal, el exceso de potasio puede producir muerte súbita.

   - En la insuficiencia renal, el exceso de fósforo puede producir picazón en la piel y calcificación de los vasos sanguíneos.

3. Los riñones eliminan el exceso de agua y sales del cuerpo.

   _ En la insuficiencia renal, el exceso de sales y agua en el cuerpo puede producir elevada presión arterial e insuficiencia cardíaca.

4. Los riñones producen dos hormonas llamadas Vitamina D y Eritropoyetina (EPO).

   - En la insuficiencia renal, la falta de Vitamina D produce dolor óseo y fracturas.

   - En la insuficiencia renal, la falta de EPO produce anemia (bajo recuento sanguíneo).

C. Hemodiálisis:

1. La hemodiálisis es el uso de un riñón artificial para eliminar desechos, toxinas, sales y el exceso de agua del cuerpo.

2. Las personas que tienen insuficiencia renal necesitan la hemodiálisis para conservar la vida.

3. En general, mientras mejor cumpla con su tratamiento de diálisis, se sentirá mejor y vivirá más tiempo.

D. ¿Cómo usar este libro?

1. Lea lentamente cada capítulo y si no comprende algún concepto en particular, pídale asesoramiento a su médico o a algún miembro de su equipo de profesionales de la salud.

2. Trate de comprender el concepto clave que se presenta en cada capítulo y planifique una serie de medidas que le permitan mejorar los resultados mensurables y aumentar su probabilidad de vivir una vida más larga y más sana.

3. Cada capítulo está dividido en las siguientes secciones con el objeto de facilitar la comprensión del material.

   - **Hechos:** Hechos interesantes acerca del tema de interés.

   - **Medidas de acción:** Pasos fáciles que se pueden realizar para aumentar la probabilidad de sobrevivir cuando se necesita diálisis.

   - **Tabla de datos útiles:** Tabla fácil de leer que brinda información que ayuda a implementar las medidas de acción.

   - **En pocas palabras:** Una o dos oraciones que resumen la lección más importante que se debe aprender en cada capítulo.

El tratamiento de diálisis no es el final de la vida.
El tratamiento de diálisis es el comienzo de una nueva vida.

I. Ajustar todos los medicamentos a la insuficiencia renal

- **Hechos:**

  1. El cuerpo metaboliza muchos medicamentos y luego las excreta a través de los riñones.

  2. En la insuficiencia renal, los medicamentos que en general se excretan a través de los riñones pueden acumularse en el cuerpo y producir efectos colaterales graves.

- **Medidas de acción:**

  1. Informe a todos los proveedores del cuidado de la salud que usted tiene una enfermedad renal.

  2. Siempre lleve consigo una lista de los medicamentos que toma.

  3. En la lista de medicamentos incluya todo lo siguiente:
     – Nombre del medicamento.
     – Dosis del medicamento.
     – Cómo se debe administrar.
     – Frecuencia de administración.

     Ejemplo: labetalol 200 mg por vía oral, dos veces al día

  4. Asegúrese de que todos los medicamentos que reciba hayan sido ajustados en función de la insuficiencia renal que padece.

- **Tabla de datos útiles:**

Medicamentos que pueden requerir modificación de la dosis cuando hay insuficiencia renal	
Medicamento	**Ejemplos**
Drogas para el corazón	digoxina
Antibióticos	penicilina, ciprofloxacina, drogas sulfa, nitrofurantoina
Antivirósicos	aciclovir
Antifúngicos	fluconazole
Antigota	allopurinol

Medicamentos a evitar en la insuficiencia renal	
Medicamento	**Ejemplos**
Antiúlcera	cimetidina
Laxantes	todos los productos que contienen fosfato, magnesio o aluminio
Diuréticos (píldoras de agua)	diuréticos ahorradores de potasio
Medicamentos para el dolor	drogas anti-inflamatorias no esteroideas
Radiología	tinturas utilizadas para radiología y estudios del corazón

- **En pocas palabras:**

Informe a todos los proveedores del cuidado para la salud que usted tiene una enfermedad renal.

II. Evitar los tratamientos de diálisis inadecuados

- **Hechos:**

  1. Una diálisis **adecuada** significa que los tratamientos de diálisis que está recibiendo en la unidad de diálisis son **suficientes** para conservar la vida.

  2. Una diálisis **inadecuada** significa que los tratamientos de diálisis que está recibiendo en la unidad de diálisis son **insuficientes** para conservar la vida.

  3. La calidad de la diálisis se determina calculando la Tasa de Reducción de Urea (URR). La URR se determina tomando muestras de sangre antes y después del tratamiento de diálisis y enviándolas luego a analizar para determinar el nivel de un desecho renal llamado urea.

  4. Complicaciones de una diálisis inadecuada:
     - Tasa de muertes superior a la normal.
     - Mayor número de días al año pasados en el hospital.
     - El aumento de las toxinas renales puede producir:

       - Falta de aliento.

       - Pérdida del apetito.

       - Sensación de cansancio constante.

- **Medidas de acción:**

  Tres maneras de mejorar la calidad de la diálisis:

  - Aumentar el tiempo de diálisis.

  - Aumentar la velocidad del flujo sanguíneo a través del acceso o el catéter arteriovenoso durante la diálisis.

  - Aumentar el tamaño de la membrana utilizada para la diálisis.

  2. No omita ningún tratamiento de diálisis.

  3. No reduzca el tiempo de la diálisis.

- **Tabla de datos útiles:**

Tasa de Reducción de Urea o URR
– La URR es una fórmula que se utiliza para calcular si la diálisis es adecuada.
– La URR es igual a la concentración de urea en la sangre al comienzo de la diálisis (urea previa) menos la concentración de urea en la sangre al final de la diálisis (urea posterior) dividido por la concentración de urea en la sangre al comienzo de la diálisis (urea previa).
– URR = urea previa - urea posterior/urea previa x 100 = % URR
– Ejemplo:
❏ Se determinó en un paciente con diálisis que su concentración de urea en la sangre de 100 mg/dl antes de la diálisis y su concentración de urea en la sangre de 30 mg/dl al final de la diálisis. ¿Cuál es la URR de este paciente?
❏ URR = 100 - 30/100 = 70/100 x 100 = 70%

- **En pocas palabras:**

Cumpla con su régimen de tratamiento de diálisis para asegurarse una terapia de diálisis adecuada y una Tasa de Reducción de Urea superior al 70%.

III. Evitar el aumento excesivo de peso

- **Hechos:**
  1. Cuando disminuye la función renal, es posible que los riñones no eliminen el agua que se consume en la dieta y ésta permanezca en el cuerpo.

  2. El exceso de líquido en el cuerpo puede producir:
     - Hinchazón de tobillos, piel, manos y ojos
     - Alta presión arterial (exceso de líquido en los vasos sanguíneos)
     - Insuficiencia cardíaca congestiva (exceso de líquido en el corazón y los pulmones)

  3. Beber demasiado líquido entre las sesiones de diálisis puede producir excesivo aumento de peso. La cantidad de líquido incorporado se puede determinar restando el peso corporal medido antes de la diálisis del peso medido al final de la diálisis.

  4. Se considera que el peso al final de la diálisis es su peso seco ya que representa el peso en el cual el exceso de líquido ha sido completamente eliminado del cuerpo.

  5. Se podría considerar excesivo al aumento de peso si se aumenta más de **tres kg** de peso líquido entre los tratamientos de diálisis.

  6. En la insuficiencia renal, la hemodiálisis puede ser la única manera efectiva de eliminar el exceso de líquido del cuerpo.

- **Medidas de acción:**

  1. Comprenda el concepto del peso seco y mida exactamente su peso antes y después de cada tratamiento de diálisis.

  2. No aumente más de 3 kg (o aproximadamente 6 libras) de peso de agua fluida entre los tratamientos de diálisis.

  3. No consuma más de 6 tazas ó 48 onzas de líquido en total por día entre los tratamientos de diálisis.

  4. Si todavía produce orina, la ingestión de líquidos por día no debe superar las 6 tazas de líquido más la diuresis. Por ejemplo, si la diuresis es de 2 tazas por día, la ingestión diaria de líquido no debe superar las 8 tazas por día (6 tazas + 2 tazas = 8 tazas).

  5. No use la eliminación del líquido a través de la diálisis como reemplazo para **no** controlar la cantidad de líquido que consume entre los tratamientos de diálisis.

  – El **sesenta por ciento (60%)** del peso corporal total está constituido por agua. La mayor parte del agua del cuerpo se encuentra dentro de las células. El agua que no está dentro de las células se encuentra entre las células y dentro de los vasos sanguíneos (arterias y venas). Sólo el agua que se encuentra dentro de los vasos sanguíneos es el líquido que se puede eliminar a través de la diálisis.

  – La cantidad total de agua en los vasos sanguíneos constituye alrededor del **seis por ciento (6%)** del peso corporal total.

— Tratar de eliminar el agua del cuerpo en una cantidad superior a la cantidad de agua que hay en los vasos sanguíneos puede ser peligroso para la salud y producir calambres, náuseas, vómitos y baja presión arterial.

- **Tabla de datos útiles:**

Escala de medición de líquidos		
Taza(s)	Onzas (oz)	Mililitros (ml)
1 taza	= 8 oz	= 240 ml
2 tazas	= 16 oz	= 480 ml
3 tazas	= 24 oz	= 720 ml
4 tazas	= 32 oz	= 920 ml
5 tazas	= 40 oz	= 1.200 ml
6 tazas	**= 48 oz**	**= 1440 ml**

El aumento de peso de agua promedio no debe superar el aumento de peso de agua de los vasos sanguíneos (arterias y venas) (en kg)	
La cantidad de agua en los vasos sanguíneos constituye aproximadamente el seis por ciento del peso corporal total.	
Peso (kg)	Líquido en los vasos sanguíneos (estimado)
100 kg	6 litros o 6 kg
90 kg	5.4 litros o 5.4 kg
80 kg	4.8 litros o 4.8 kg
70 kg	4.2 litros o 4.2 kg
60 kg	3.6 litros o 3.6 kg
50 kg	3.0 litros o 3.0 kg

- **En pocas palabras:**

  A menos que el médico le indique lo contrario, no aumente más de 3 kg de peso de agua ente los tratamientos de hemodiálisis.

IV. Evitar la ingestión excesiva de sodio

- **Hechos:**

    1. El sodio es un mineral o electrolito que participa en funciones tanto eléctricas como celulares dentro del cuerpo.

    2. Los riñones normales eliminan el exceso de sodio del cuerpo y excretan el exceso de sodio hacia la orina.

    3. Cuando disminuye la función renal, los riñones no eliminan el sodio que se consume en la dieta y éste puede permanecer en el cuerpo.

    4. El exceso de sodio en el cuerpo está asociado a la retención de agua y al sudor secundario de las extremidades, que a menudo se denomina edema.

    5. El exceso de sodio en el cuerpo puede producir aumento de la sed, hinchazón de tejidos, alta presión arterial e insuficiencia cardíaca.

    6. La mayoría de las personas que tienen insuficiencia renal deben llevar una dieta con bajo contenido de sodio. Llevar una dieta con bajo contenido de sodio significa que se pueden consumir alrededor de 2 gramos (2000 mg) de sodio por día.

- **Medidas de acción:**

    1. Hacer una dieta con bajo contenido de sodio.
        - 2 gramos ó 2000 mg de sodio por día

2. Conozca la cantidad de sodio que tienen las comidas.

3. Se debe evitar el sodio adicional en la dieta si se siente falta de aliento o se observa hinchazón en las piernas o en las manos.

4. Recuerde que el agua va donde va el sodio.

5. Siempre procure asistencia médica si siente falta de aliento.

- **Tabla de datos útiles:**

Contenido de sodio de los alimentos comunes	
Alimento	**Sodio (mg)**
Una cucharadita de té de sal	2000 mg (2 gramos)
Una tajada de jamón	300 mg
Un perro caliente	500 mg
Una taza de sopa	900 mg
Un pickle (grande)	1430 mg
Una porción grande de pizza	600 mg
Una gaseosa dietética (12 onzas)	75 mg

- **En pocas palabras:**

A menos que su médico le indique lo contrario, evite consumir más de 2,000 mg o 2 gramos de sodio por día mientras realice un tratamiento de diálisis prolongado.

V. Evitar los bajos niveles de albúmina

- **Hechos:**

    1. La albúmina sérica es una proteína de la sangre que se elabora en el hígado y es importante para las funciones normales del cuerpo.

    2. Esta proteína se usa para el crecimiento y la tonicidad de los músculos, el mantenimiento y la reparación de todos los tejidos corporales, y el mantenimiento y la reparación del sistema inmunológico.

    3. El bajo nivel de albúmina sérica se denomina desnutrición y puede resultar en escasa cicatrización y disminución de la inmunidad.

    4. Un sistema inmunológico anormal puede causar un mayor riesgo de infecciones, inflamación y cardiopatía.

    5. Los bajos niveles de proteínas en la sangre o de albúmina sérica están asociados a una alta tasa de mortalidad.

    6. Al aumentar la cantidad de proteínas que consumimos en la dieta se ayuda a aumentar los niveles séricos de albúmina.

    7. La cantidad de proteínas que se recomienda consumir por día a las personas con insuficiencia renal para mantener el cuerpo sano es aproximadamente 1.5 gramos de proteínas por kg de peso corporal.

8. La carne y los huevos son buenas fuentes de proteínas, pero sólo se pueden consumir con moderación, ya que estos suplementos nutricionales contienen grandes cantidades de colesterol.

9. Los suplementos proteicos (diseñados específicamente para las personas con insuficiencia renal) y los huevos sin yema son excelentes fuentes de proteínas con bajo contenido de colesterol.

- **Medidas de acción:**

1. Considere complementar su dieta con suplementos proteicos si sus niveles séricos de albúmina son consistentemente inferiores a lo normal. Como ejemplos se incluyen:

   – Polvo proteico

   – Bebidas proteicas

   – Barras de proteínas

2. La mayoría de los suplementos nutricionales de venta libre no son seguros para las personas que tienen insuficiencia renal. Controle con su médico o nutricionista de la unidad de diálisis la lista de suplementos proteicos que son seguros para las personas con insuficiencia renal.

3. Si sus niveles séricos de albúmina son consistentemente inferiores a lo normal (menos de 4,0 g/dl), consulte a su médico acerca de tomar medicamentos que puedan aumentar los bajos niveles de albúmina y reducir la inflamación de su cuerpo.

- Una aspirina diaria (anti-inflamatorio)
- Fármacos que reducen el colesterol (estatinas)
- Vitaminas (ácido fólico y Vitamina B-12)
- Comprimidos de aceite de pescado (ácido graso omega-3).

4. Si sus niveles séricos de albúmina son consistentemente inferiores a lo normal, consulte a su médico acerca de tomar medicamentos que puedan tratar enfermedades que impidan la absorción de proteínas de la dieta.

- Náuseas y vómitos
- Acidez o indigestión
- Depresión (pérdida del apetito)

- **Tabla de datos útiles:**

Requerimiento proteico diario por peso		
Peso	Requerimiento	proteico
Kg	Libras	Gramos por día
50	110	75
60	132	90
70	154	105
80	176	120
90	198	135
100	220	150
110	242	165
120	264	180
130	286	195

Gramos de proteínas por unidad de dosis de las fuentes de proteínas comunes y de los suplementos nutricionales que se usan comúnmente		
Fuente	**Proteínas por unidad de dosis**	
Carnes	7	gramos de proteínas por onza
Huevos	7	gramos de proteínas por huevo
Huevos sin yema	25	gramos de proteínas por taza
Polvo proteico	5	gramos de proteínas por cucharada
Bebidas proteicas	15	gramos de proteínas por lata
Barras de proteínas	15	gramos de proteínas por barra

- **En pocas palabras:**

  A menos que su médico le indique lo contrario, trate de consumir al menos 1.5 gramos por kilogramo (kg) de proteínas por día para mantener un nivel sérico de albúmina superior a 4.0 g/dl.

VI. Evitar la anemia

- **Hechos:**

  1. La anemia se define por tener menos del número normal de glóbulos rojos o menos del nivel normal de hemoglobina en la sangre.

  2. La hemoglobina es un pigmento rojo que le da el color rojo a los glóbulos rojos y a la sangre. La hemoglobina es el componente químico clave que se combina con el oxígeno de los pulmones y transporta el oxígeno desde los pulmones hacia las células de todo el cuerpo. El oxígeno es esencial para que las células produzcan energía.

  3. Cuando el nivel de hemoglobina es bajo, el oxígeno transportado por el cuerpo es escaso.

  4. Una persona con anemia tiene poco oxígeno y puede quejarse de sentirse cansada y quedarse sin aliento al hacer ejercicio.

  5. La anemia se produce como consecuencia de los bajos niveles de hierro en la sangre y/o una disminución en la producción de una hormona llamada EPO.

     - En los análisis de sangre de las personas que tienen deficiencia de hierro con frecuencia se observa que los lugares de almacenamiento total de hierro están vacíos.

     - Dos pruebas que se usan comúnmente para determinar el almacenamiento de hierro en el cuerpo son la de saturación de transferrina y la de los niveles séricos de ferritina.

– Se considera que una persona tiene deficiencia de hierro cuando el nivel de saturación de transferrina es inferior al 20% y el nivel sérico de ferritina es inferior a 100 ng/ml.

- **Medidas de acción:**

  1. Registre y revise con su médico sus niveles de hemoglobina todos los meses.

  2. Sepa que podrá recibir EPO o hierro durante la diálisis para ayudar a que su cuerpo produzca glóbulos rojos.

  3. Sepa que el nivel de hemoglobina deseado es 11 gm/dl.

  4. Sepa que la alta presión arterial, el dolor de cabeza y/o los síntomas pseudo-gripales pueden ser efectos colaterales de la EPO.

- **Tabla de datos útiles:**

Términos relacionados con la anemia
Glóbulos rojos (RGR):   - Células que llevan oxígeno en la sangre.
Hemoglobina (Hb):   - Proteína de los glóbulos rojos que se une al oxígeno.
Hematocrito (Hct):   - Porcentaje de glóbulos rojos en la sangre.

- **En pocas palabras:**

A menos que su médico le indique lo contrario, trate de mantener un nivel sérico de hemoglobina superior a 11 g/dl.

VII. Evitar la enfermedad ósea

- **Hechos:**

  1. El riñón normal produce la Vitamina D activa que se necesita para mantener la salud del cuerpo. Cuando el riñón está enfermo, deja de producir Vitamina D activa.

  2. La deficiencia de Vitamina D produce una cascada de eventos que reducen los niveles séricos de calcio.

  3. A medida que disminuyen los niveles séricos de calcio, el cuerpo segrega una hormona llamada hormona paratiroidea (PTH), cuyo principal objetivo es normalizar los niveles séricos de calcio.

  4. La PTH es el regulador endocrino del calcio más importante de la concentración de calcio y fósforo en el líquido corporal. La PTH es segregada por las células de las glándulas paratiroideas del cuello y su blanco principal son las células de los huesos y los riñones. La PTH se une a las células de los riñones y les hace producir Vitamina D.

  5. Cuando los niveles de calcio vuelven a la normalidad, el exceso de Vitamina D se dirige a la glándula paratiroidea y le indica a ésta que deje de producir PTH.

  6. Cuando los niveles de Vitamina D se encuentran bajos en la insuficiencia renal, los niveles de PTH permanecen elevados y producen un quiebre gradual

de los huesos y una constante liberación de calcio y fósforo hacia la sangre.

7. Los pacientes con enfermedad renal no son capaces de excretar el exceso de fósforo en la orina, de modo que los niveles séricos de fósforo pueden aumentar a niveles peligrosos.

8. El exceso de fósforo en la sangre se une al calcio en la sangre y forma tejido pseudo-óseo (calcificación) en las articulaciones y los vasos sanguíneos.

9. La calcificación de los vasos sanguíneos puede producir enfermedades vasculares, como accidentes cerebrovasculares o ataque cardíaco.

- **Medidas de acción:**

1. Reduzca los niveles séricos de fósforo evitando las comidas con alto contenido de fósforo.

2. Tome medicamentos que se unen al fósforo de los alimentos para prevenir la absorción de fósforo en el tracto gastrointestinal. A continuación se presentan ejemplos. Consulte a su médico qué tipo de medicamento es mejor para usted.
   Ejemplos de los fármacos que se unen al fósforo que se usan comúnmente
   – carbonato de calcio
   – acetato de calcio
   – sevelamar

3. Sepa que su médico puede intentar administrarle Vitamina D por vía intravenosa durante la diálisis para suprimir la secreción de PTH.

- ## Tabla de datos útiles:

Alimentos con alto contenido de fósforo (alimentos a evitar)
Lácteos: - leche, queso, yogurt, sopa crema
Frutas y verduras: - espárragos, arvejas, hongos, maíz, frijoles
Panes: - Bollos, crepes, waffles, pan de harina integral, pizza
Nueces y semillas
Chocolate y cacao
Bebidas cola y cerveza

- ## En pocas palabras:

A menos que el médico indique lo contrario, intente mantener un nivel sérico de fósforo inferior a 5.5 mg/ dl y un nivel de hormona paratiroidea inferior a 180 pg/ml.

VIII. Evitar los altos niveles de potasio

- **Hechos:**
    1. El potasio es un mineral o electrolito que participa en funciones tanto eléctricas como celulares dentro del cuerpo. El potasio se encuentra en las células humanas y en la mayoría de los alimentos. El potasio tiene importancia en mantener regulares los latidos del corazón y que los músculos funcionen correctamente

    2. Es la función de los riñones mantener la cantidad adecuada de potasio en el cuerpo. Cuando los riñones dejan de funcionar bien, para el cuerpo es difícil eliminar el potasio.

    3. Los altos niveles de potasio en la sangre pueden producir arritmias cardiacas y muerte súbita.

    4. Durante la hemodiálisis se puede eliminar el potasio del cuerpo.

- **Medidas de acción:**
    1. Sepa que el complemento de potasio diario recomendado para las personas con enfermedad renal es de 2 gramos (2,000 mg) por día.

    2. Nunca omita o interrumpa los tratamientos de diálisis.

    3. Evite los medicamentos que producen altos niveles de potasio.

4. Evite las comidas que tengan un muy alto contenido de potasio y que puedan aumentar de repente el nivel sérico de potasio y producir graves complicaciones. Como ejemplos se incluyen los tomates, las bananas, las naranjas y las papas.

- **Tabla de datos útiles:**

Alimentos con alto contenido de potasio (alimentos a evitar)
Sustitutos de la sal: - cloruro de potasio
Lácteos: leche, yogurt, quesos
Granos integrales: - panes, cereales, bollos
Vegetales de almidón: - **papas**, frijoles secos, batata, calabaza
Otros vegetales: - **tomates**, brócoli, arvejas, frijoles blancos, espinaca
Frutas: - **bananas**, **naranjas**, frutas cítricas, damascos

- **En pocas palabras:**

Los altos niveles séricos de potasio pueden producir muerte súbita. Evite niveles séricos de potasio superiores a 5,5 meq/L.

IX. Controlar los factores de riesgo de ataque cardíaco

- **Hechos:**

  1. El LDL o lipoproteína de baja densidad es la porción del colesterol total que se considera como colesterol malo.

     - Al LDL se lo llama colesterol malo porque toma el colesterol del hígado y lo deposita en los vasos sanguíneos del corazón.

     - Los altos niveles de LDL están asociados a una tasa de mortalidad elevada secundaria al infarto.

  2. La HbA1C es un análisis de sangre que se usa para monitorear el control de azúcar en la sangre a largo plazo en las personas que tienen diabetes mellitus.

     - Los elevados niveles de HbA1C indican que la diabetes está mal controlada.

     - Los bajos niveles de HbA1C indican que no se tiene diabetes mellitus o que la diabetes mellitus está bien controlada.

  3. La alta presión arterial es un factor de riesgo independiente de la enfermedad renal, la cardiopatía y el accidente cerebrovascular.

     - En general, se requieren dos o más medicamentos para controlar la alta presión arterial cuando hay enfermedad renal.

- **Medidas de acción:**

  1. Controle los niveles de colesterol LDL

     - Siga una dieta con bajo contenido de colesterol.

     - Tome medicamentos que disminuyan el colesterol si sus niveles de colesterol LDL son elevados.

     - Pídale a su médico que le controle los niveles de colesterol LDL.

  2. Controle la diabetes mellitus

     - Siga una Dieta Diabética Estadounidense de 1800 calorías.

     _ Adminístrese insulina y/o los medicamentos necesarios para mantener los niveles de azúcar en la sangre dentro del rango normal.

     _ Monitoree los niveles de glucosa en la sangre con frecuencia e informe a su médico si sus niveles de azúcar en la sangre son permanentemente elevados.

  3. Controle la presión arterial

  - Siga una dieta con bajo contenido de sodio de hasta 2 gramos.

  - Monitoree la presión arterial a menudo durante el tratamiento de diálisis.

  - Tome medicamentos para la presión arterial si tiene hipertensión.

– Pídale a su médico que considere ajustar sus medicamentos para la presión arterial si su presión arterial no es normal.

- **Tabla de datos útiles:**

Objetivos para disminuir el riesgo de ataque cardíaco
Nivel de colesterol LDL o malo inferior a 100 mg/dl
Nivel de HBA1C inferior a 7%
Presión arterial inferior a 130/80 mmHg

- **En pocas palabras:**

La diabetes mellitus no controlada, la alta presión arterial y el colesterol elevado están asociados a la muerte prematura en las personas con enfermedad renal.

X. Evitar los catéteres de diálisis

- **Hechos:**

1. Su acceso vascular es la "cuerda de salvamento" para sobrevivir.

   - El acceso vascular es el lugar de su cuerpo desde donde se elimina la sangre durante la diálisis. Como ejemplos se incluyen la fístula arteriovenosa, el injerto arteriovenoso y el catéter de diálisis. Los catéteres de diálisis pueden ser temporarios (en general no se requiere pasar por la sala de operaciones para insertarlos) o permanentes (en general se requiere pasar por la sala de operaciones para colocarlos).

   - El cuidado del acceso vascular es vital para su salud y sobrevida a largo plazo.

   - Las personas que tienen fístulas e injertos tienen una tasa de muertes inferior a la de las personas que usan catéteres.

2. Las complicaciones asociadas a los catéteres de diálisis incluyen: infección, coagulación y mal flujo sanguíneo.

   - Los factores de riesgo de infección de los catéteres de diálisis son: diabetes mellitus, bajo nivel de albúmina y transporte nasal de bacterias que se sabe producen infecciones de catéteres.

   - Las infecciones graves de catéteres pueden producir infecciones cardíacas, óseas, de la médula ósea y muerte.

- **Medidas de acción:**

1. Trate de evitar los catéteres de diálisis.

2. Pida una fístula arteriovenosa como primera opción de acceso para diálisis.

3. Proteja la extremidad donde se encuentre ubicado el acceso arteriovenoso (la extremidad superior izquierda o derecha).

   – No perfore (extraiga sangre) con agujas la extremidad donde tiene el acceso, a menos que lo haga el equipo de asistentes de diálisis.

   – No mida la presión arterial en la extremidad donde tiene el acceso.

4. Evite las infecciones relacionadas con los accesos arteriovenosos o los catéteres

   – Mantenga el acceso limpio y utilícelo solamente para la diálisis.

   – Informe a los dentistas y médicos que tiene insuficiencia renal y necesita profilaxis antibiótica para prevenir infecciones relacionadas con el acceso que se asocian a los procedimientos odontológicos y quirúrgicos.

   – Advierta a todo proveedor del cuidado de la salud si tiene fiebre, escalofríos o enrojecimiento de la piel del acceso (señales de infección relacionada con el acceso).

   – Asegúrese de que todos los antibióticos que se utilizan para tratar infecciones hayan sido ajustados en función de la insuficiencia renal que padece.

- **Tabla de datos útiles:**

Diferentes tipos de accesos para hemodiálisis
−Catéter de diálisis: tubo estéril insertado en una vena del cuello, la pared del tórax o la ingle para permitir el acceso de sangre para hemodiálisis
−Injerto arteriovenoso: conexión quirúrgica de una arteria con una vena mediante un tubo artificial (injerto), que en general se coloca en el brazo para permitir el acceso de sangre para hemodiálisis
−Fístula arteriovenosa: conexión quirúrgica directa entre una arteria y una vena para permitir el acceso para hemodiálisis

Riesgo de infección con los diferentes tipos de acceso para hemodiálisis	
Tipo de acceso	**Riesgo de infección**
−Catéter temporario	Extremadamente alto
−Catéter permanente	Muy alto
−Injerto arteriovenoso	Bajo
−Fístula arteriovenosa	Muy bajo

Profilaxis antibiótica para procedimientos odontológicos o quirúrgicos

1. Todos los pacientes en hemodiálisis requieren profilaxis antibiótica antes de someterse a

procedimientos odontológicos o quirúrgicos para prevenir las infecciones relacionadas con el acceso en catéteres, injertos arteriovenosos y fístulas arteriovenosas.

2. Se puede administrar profilaxis antibiótica general estándar por vía oral o intravenosa (IV) para prevenir las infecciones relacionadas con el acceso:

   - Profilaxis antibiótica general estándar oral

     □ Pacientes sin alergia a la penicilina: amoxicilina, 2000 mg por vía oral una hora antes del procedimiento.

     □ Opciones para pacientes alérgicos a la penicilina:

       - clindamicina, 600 mg por vía oral una hora antes del procedimiento, O

       - cefalexina, 2000 mg (2,0 g) por vía oral una hora antes del procedimiento, O

       - azitromicina, 500 mg por vía oral una hora antes del procedimiento.

   - Profilaxis antibiótica general estándar intravenosa

     □ Pacientes sin alergia a la penicilina: cefazolina, 1,0 g por vía IV una hora antes del procedimiento.

     □ Opciones para pacientes alérgicos a la penicilina: vancomicina, 1,0 g por vía IV una hora antes del procedimiento.

- **En pocas palabras:**

Las fístulas arteriovenosas para diálisis están asociadas a una muy baja tasa de infección y a una muy baja tasa de muertes.

XI. Evitar las infecciones prevenibles

- **Hechos:**

    1. Las infecciones adquiridas de la comunidad se pueden prevenir mediante la inmunización.

    2. Cada año, miles de pacientes con enfermedad renal mueren de neumonía e influenza.

    3. Hepatitis significa inflamación del hígado. Las infecciones por virus de la Hepatitis B en general se producen a causa de la exposición a la sangre de una persona que tiene la infección viral Hepatitis B (por punción de aguja o transfusión de sangre).

        – Debido a que por la enfermedad renal los pacientes están en riesgo de recibir una transfusión de sangre, todos los pacientes con enfermedad renal se inmunizan con una vacuna que reducirá las oportunidades de desarrollar una infección por Hepatitis B.

        – Después de recibir la vacuna contra la Hepatitis B correspondiente, se realizan análisis de sangre para determinar si se han formado los anticuerpos adecuados para proteger al paciente de la infección viral de Hepatitis B.

        – Una vez formados los anticuerpos contra el virus de la Hepatitis B, se habrá desarrollado la inmunidad necesaria que podrá prevenir el desarrollo de una enfermedad hepática causada por la exposición al virus de la Hepatitis B.

- **Medidas de acción:**

  1. Prevenir la neumonía.

  2. Prevenir la gripe.

  3. Prevenir la hepatitis.

- **Tabla de datos útiles:**

Cronograma de vacunación	
Neumonía	Cada cinco años
Gripe	Cada otoño
Hepatitis B	a los 0, 1, 2 y 6 meses

- **En pocas palabras:**

  Las vacunas salvan vidas.

XII: Monitorear los resultados que se pueden medir

- **Hechos:**

  1. El nivel de efectividad en el logro de su objetivo de sobrevivir con la diálisis se puede determinar definiendo objetivos específicos y monitoreando el progreso utilizando los resultados mensurables de cada mes.

  2. Los datos relacionados con los resultados se pueden utilizar para determinar en qué medida se ha alcanzado cada objetivo.

  3. En los pacientes con diálisis se determinan mensualmente los datos de la efectividad del tratamiento para la insuficiencia renal.

  4. Todos los meses se realizan análisis de laboratorio y mediciones de otros datos y el equipo de proveedores del cuidado de la salud los revisa. Se harán ajustes en el régimen de tratamiento sobre la base de los resultados de los análisis mensuales.

- **Medidas de acción:**

  1. Revise los resultados de los análisis de laboratorio con su equipo de asistentes de diálisis en forma mensual.

  2. Sepa cómo puede mejorar todos los resultados mensurables.

3. Sepa los motivos de todos los ajustes de los medicamentos y los tratamientos basados en los resultados mensurables de cada mes.

- **Tabla de datos útiles**

Resultados mensurables	Objetivos
I. Manejo de los medicamentos	Ajustar todos los medicamentos a la insuficiencia renal
II. Calidad de la diálisis	URR > 70%
III. Manejo del aumento de peso	El peso previo a la diálisis menos el peso seco es < 3 kg
IV. Manejo de ingestión de sal	Ingestión de sal < 2,000 mg/día
V. Manejo de la albúmina	Nivel de albúmina > 4 g/dl
VI. Manejo de la anemia	Hemoglobina > 11 g/dl
VII. Cuidado de los huesos	Fósforo < 5.5 mg/dl PTH < 180 pg/ml
VIII. Manejo del potasio	Potasio < 5.5 meq/l
IX. Factores de riesgo de ataque cardíaco	LDL <100 mg/dl HbA1C < 7% PA <130/80 mmHg
X. Catéteres de diálisis	La fístula arteriovenosa es la opción preferida de acceso para hemodiálisis
XI. Vacunas	Neumonía, gripe y Hepatitis B

URR = Tasa de Reducción de Urea

PTH = hormona paratiroidea

PA = presión arterial

Manejo de los resultados mensurables que no alcanzan el objetivo	
Resultados mensurables	**Manejo**
No hay lista de medicamentos	Haga una lista de medicamentos y revísela con su médico.
URR < 70%	Aumento del tiempo de diálisis según indique el médico.
Aumento excesivo de peso	Monitoree la ingestión de líquidos.
Ingesta excesiva de sodio	Monitoree la ingestión de sodio.
Nivel de albúmina < 4 g/dl	Complemento proteico
Hemoglobina < 11 g/dl	.Ajuste de la dosis de EPO y administración intravenosa de hierro según indique el médico.
PTH > 180 pg/ml	Dieta con bajo contenido de fósforo.Ajuste de la dosis de Vitamina D según indique el médico.
Potasio > 5.5 meq/L	Dieta con bajo contenido de potasio.

Factores de riesgo de cardiopatía	
LDL > 100 mg/dl	Ajuste de los Medicamentos para el colesterol según indique el médico.
HbA1C > 7%	Ajuste de los medicamentos para la diabetes mellitus según indique el médico.
PA > 130/80 mmHg	Ajuste los medicamentos para la presión arterial según indique el médico.
Catéter de diálisis	Derivación a cirugía vascular según indique el médico.
Sin vacunas	Vacunar según indique médico.

- **En pocas palabras**

  El sobrevivir con diálisis depende de la capacidad que se tenga para tener resultados mensurables que se encuentren dentro del rango normal para las personas con insuficiencia renal crónica.

Conclusión:

- **Hechos:**

  1. El sobrevivir con diálisis se puede mejorar cumpliendo con los regímenes de tratamiento, dieta y medicamentos.

  2. La reducción de los factores de riesgo de arteriopatía coronaria puede disminuir significativamente la probabilidad de morir a causa de un ataque cardíaco.

- **Medidas de acción:**

  1. Contrólese

     – Controle su dieta y su enfermedad.

  2. Sea valiente

     – No tenga miedo de conocer información nueva.

  3. Sea inteligente

     – Concéntrese en los resultados mensurables de cada mes.

  4. Sea justo

     – Trabaje con su médico ajustando el plan de tratamiento sobre la base de sus resultados mensurables.

- **En pocas palabras:**

  La diálisis crónica es un viaje, no un destino.

Recursos

1. Kidney Disease Quality Outcomes Initiative (Iniciativa sobre los resultados de la calidad de la enfermedad renal) (NKF-K/DOQI)

2. Clinical Practice Guidelines for Hemodialysis Adequacy: update 2000 (Lineamientos de práctica clínica para la calidad de la insuficiencia renal crónica: actualización 2000). Am J Kidney Dis - 01-JAN-2001; 37(1 Suppl 1): S7-S64

3. Clinical Practice Guidelines for Hemodialysis Adequacy: update 2000 (Lineamientos de práctica clínica para la calidad de la insuficiencia renal crónica: actualización 2000). Am J Kidney Dis - 01-JAN-2001; 37(1 Suppl 1): S137-81

4. Lineamientos de práctica clínica de la National Kidney Foundation (Fundación Nacional del Riñón) K/DOQI para la ingestión de proteínas en la dieta en pacientes con diálisis crónica. Kopple JD National Kidney Foundation K/DOQI Work Group (Grupo de Trabajo de la Fundación Nacional del Riñón) - Am J Kidney Dis - 01-OCT-2001; 38(4 Suppl 1): S68-73

5. United States Renal Data System (USRDS) (Sistema de Datos Renales de los Estados Unidos). USRDS 2001 Annual Data Report: Atlas of End-Stage Renal Diseases in the United States (Informe Anual de Datos USRDS 2001: Atlas de las enfermedades renales terminales en los Estados Unidos). Bethesda, Md: National Institutes of Health (Institutos Nacionales de la Salud), National

Institute of Diabetes and Digestive and Kidney Diseases (Instituto Nacional de la Diabetes y de Enfermedades Digestivas y Renales); 2001.

6. Brenner & Rector's The Kidney (El riñón, de Brenner & Rector), 7th ed. Copyright © 2004 Elsevier

Fuentes

American Association of Kidney Patients
3505 East Frontage Road
Suite 315
Tampa, FL 33607
Phone: 1-800-749-2257 or (813) 636-8100
Email: info@aakp.org
Internet: www.aakp.org

Life Options Rehabilitation Program
c/o Education Institute Inc.
414 D'Onofrio Drive
Suite 200
Madison, WI 53711-1074
Phone: 1-800-468-7777 or (608) 232-2333
Email: lifeoptions@medmed.com
Internet: www.lifeoptions.org
www.kidneyschool.org

National Kidney Foundation Inc.
30 East 33rd Street
New York, NY 10016
Phone: 1-800-622-9010 or (212) 889-2210
Email: info@kidney.org
Internet: www.kidney.org

Fundación para Mejorar la Nutrición Renal (FIRN, por su sigla en inglés)

La enfermedad renal afecta a uno de cada diez estadounidenses. La insuficiencia renal, que requiere tratamiento de diálisis o transplante renal para conservar la vida de quien la padece, afecta a uno de cada mil estadounidenses. Uno de cada dos pacientes que está desnutrido y con diálisis muere cada año.

La Fundación para Mejorar la Nutrición Renal (FIRN, por su sigla en inglés) es una entidad pública sin fines de lucro que fue fundada en el año 2004. Con su donación a la FIRN ayudará a educar a las personas con enfermedad renal, y a sus familias, acerca de la importancia de la nutrición en la prevención y el tratamiento de las diversas complicaciones asociadas a la enfermedad renal. Lo que es más importante, con su donación se entregarán suplementos proteicos nutricionales a los pacientes con enfermedad renal desnutridos que no pueden pagarlos.

Con su ayuda, podemos eliminar la desnutrición en la enfermedad renal y ayudar a las personas que tienen insuficiencia renal a vivir más tiempo vidas más sanas.

Para más información, visite la página de Internet de la FIRN en

http://firnav.org

SERVE Forward (Ayudar a los demás)

Libros de Philip J. Tuso, MD, FACP

Who Stole My Kidneys? (¿Quién se robó mis riñones?)

Un libro que trata acerca de salvar los riñones y salvar vidas en los Estados Unidos.

Se estima que 20 millones de estadounidenses tienen enfermedad renal crónica. Los estadounidenses con enfermedad renal tienen una tasa de mortalidad muy alta en un período de cinco años - que oscila desde alrededor del 20% para los estadounidenses con enfermedad renal leve o moderada hasta casi el 50% en los estadounidenses con enfermedad renal grave.

En este libro, se utiliza a cuatro personajes imaginarios para ejemplificar la forma en que las virtudes o las fortalezas de la personalidad determinan el resultado de las personas que desarrollan enfermedad renal. A través de estos personajes, el libro ilustra la forma en que el hecho de tener una enfermedad como la enfermedad renal crónica puede causar el enfrentamiento con situaciones nuevas, problemas complicados, desafíos y obstáculos que a veces podrían (o pueden) no tener respuestas directas o fáciles.

En este libro verá que ser pro-activo puede prevenir el daño del riñón y la muerte prematura. El material educativo de este libro es un manual de supervivencia y una lectura indispensable para todas las personas que tienen insuficiencia renal.

SERVE Forward (Ayudar a los demás)

Una historia que explica que servir a los demás puede ayudar a que uno viva una vida más significativa y exitosa

La grandeza de la vida no consiste en hacer grandes cosas con grandes medios, sino en hacer grandes cosas con pocos medios.   Para ayudar a los demás no se requieren grandes recursos. Todo lo que se necesita es estar dispuesto y desear ayudar a los demás. Todos podemos ser grandiosos ya que todos podemos aprender a ayudar a los demás.

En este libro verá que ayudar significa ser inteligente, justo, fuerte y sincero. Aclarar el concepto de servicio ayuda a que las personas entiendan los beneficios a largo plazo de una vida orientada por el servicio. Este concepto es una fundada filosofía que se puede aplicar en todos los caminos de la vida. Este libro será útil para las personas que estén interesadas en utilizar la filosofía de servir a otros para ayudarlos a vivir una vida más sana y construir relaciones significativas en el trabajo y en el hogar.

Acerca del autor

Philip Tuso, MD, es un nefrólogo certificado que ha recibido numerosas distinciones y ha ocupado varios puestos administrativos antes de ser designado como Director Médico de la Unidad de Diálisis de Fresenius Medical Care en Lancaster, California. Durante el año pasado, el Dr. Tuso ha centrado sus esfuerzos en desarrollar un programa de gestión del cuidado de la población para ayudar a mejorar los resultados medibles para los individuos con enfermedad renal crónica. Él es el fundador y presidente de una organización sin fines de lucro llamada Fundación para Mejorar la Nutrición Renal (FIRN, por su sigla en inglés), cuya misión consiste en aumentar la conciencia pública con respecto a la enfermedad renal y recaudar fondos para proveer suplementos nutricionales a las personas desnutridas que tienen enfermedad renal.